BORIS TZAPRENKO

NOUS,
labeur d'étoiles

ilsera.com

Copyright © 2014 Boris TZAPRENKO
Tous droits réservés.
Enregistré au S. N. A. C.
Texte protégé par les lois et traités
internationaux relatifs aux droits d'auteur.

(002160614)

Édition : BoD – Books on Demand,
12/14 rond-point des Champs-Élysées, 75008 Paris
Impression : BoD - Books on Demand,
Norderstedt, Allemagne
ISBN: 9782322408757
Dépôt légal : Décembre 2021

Remerciements

Toute ma reconnaissance à :

Serge BERTORELLO
Lotta BONDE
Nathalie FLEURET
Jacques GISPERT
Jacky MARTINO
Diwezha PICAUD
Bernard POTET
Sandy RICHARD

Introduction

Ce livre est composé de quatre parties.

• La première montre combien nous sommes petits.
• La seconde montre combien nous sommes grands.
• La troisième montre combien nous sommes communs et sans importance.
• La quatrième montre combien nous sommes précieux et importants.

Mais, dans ces pages, nous parlerons aussi, entre autres, de puzzles et d'une girafe.

Partie 1
Combien nous sommes petits !

Notre taille dans l'espace

Pascal a dit : « L'infini est une sphère dont le centre est partout et la circonférence nulle part. »

Déclaration remarquablement géniale, car la définition de la sphère est bien : « surface constituée de tous les points situés à une même distance d'un point appelé centre. » Cette distance se nomme le rayon.

Dans le cas de l'infini, le rayon est infini. Où que nous nous trouvions, la distance qui nous sépare de la circonférence est la même, elle est infinie. Le centre est donc partout.

La circonférence n'est nulle part, car elle est infiniment distante de quelque lieu que ce soit. Par conséquent, aucun endroit ne contient un point de la circonférence. C'est donc bien cela, elle n'est nulle part.

Que pouvons-nous penser de cela ? Que l'infini est bien grand, bien sûr ! Mais également que, aussi vraie que soit géométriquement cette belle définition de Pascal, elle n'en heurte pas moins notre sens commun. Elle semble absurde. Absurde, mais imparablement vraie. Comment une chose peut-elle être tout à la fois vraie et absurde ? Peut-être que Pascal n'a relevé qu'une curiosité purement géométrique en imaginant l'infini comme une sphère. À moins qu'il n'ait pris l'infini comme complice pour souligner la finitude de notre entendement. Si ce dernier tente de nier l'existence de l'infini, un seul instant, il ne peut éviter les impertinentes questions qui se ruent en lui : « Si l'Univers est fini, qu'est-ce qu'il y a après ? », « Et après ?... », « Et ensuite ? ». Voici donc l'infini qui, à peine chassé par la porte, revient par la fenêtre. Au sujet de l'infini, nous sommes cependant certains d'une chose : cette conception de notre esprit tient notre esprit en échec ! Quelle humiliation ! Imaginez un joueur d'échecs qui se mette lui-même échec et mat ! Ou un judoka qui se terrasse lui-même !

Laissons donc pour un moment l'infini de côté et considérons ce que nous sommes capables de penser :

des grandeurs finies, des objets que nous pouvons mentalement nous représenter.

Prenez un grain de sable, le plus petit possible. Il est beaucoup trop gros ! En vous aidant d'une puissante loupe, posez au bout de votre index la plus petite chose que vous puissiez discerner. Un grain de farine ou de pollen, quelque chose du genre. Ce qui importe c'est que…

Mais nous reparlerons de cette expérience juste un peu plus loin, car pour la poursuivre il est indispensable d'avoir quelques éléments en tête.

Les étoiles

Les étoiles sont d'énormes masses de plasma quasi sphériques. Elles ont une taille telle que, sous la force de gravitation, leur centre atteint une pression et une température suffisantes pour entretenir une réaction de fusion nucléaire. L'étoile la plus proche de la Terre s'appelle « Soleil ». La Terre gravite autour de cet astre, en à peine plus de 365,25 jours, à une distance moyenne de presque 150 millions de kilomètres. En astronomie, cette grandeur, appelée Unité Astronomique, en abrégé UA, est utilisée pour exprimer de « courtes » distances dans l'espace.

Une UA est donc égale à la distance moyenne qui sépare la Terre du Soleil, soit plus précisément 149 597 870 km.

Par définition, la Terre se trouve donc à 1 UA du Soleil.

Voici à titre d'exemple la distance au Soleil de quelques planètes :

Mercure : 0,357 UA (soit 57 910 000 km).

Mars : 1,524 UA (soit 227 940 000 km).

Saturne : 9,050 UA (soit 1 429 400 000 km).

Neptune : 30,11 UA (soit 4 504 300 000 km).

Le Soleil est une étoile comme une autre parmi les milliards de milliards d'étoiles de l'Univers. La seule raison pour laquelle le Soleil nous apparaît beaucoup plus gros et beaucoup plus lumineux que les autres étoiles est qu'il se trouve, comparativement, juste à côté de nous.

Mais, après le Soleil, quelle est l'étoile la plus proche ?

C'est Proxima du Centaure, qui comme son nom le laisse supposer, est visible dans la constellation du Centaure. Elle se trouve à : 270 000 UA. Elle est donc déjà 270 000 fois plus éloignée de la Terre que le Soleil. Cette étoile est pourtant notre première voisine. On voit déjà que l'UA va devenir incommode pour exprimer des distances plus grandes encore. Il existe heureusement une unité plus pratique : l'« année-lumière » (symbole : « a.l. »).

Une année-lumière est la distance parcourue par la lumière durant un an à raison de presque 300 000 km par seconde, soit 9 460 895 288 762 km. Ce qui représente 63 241 UA.

Proxima du Centaure se trouve, disions-nous, à 270 000 UA ; ce qui fait 4,22 années-lumière.

Distances de quelques autres étoiles les plus proches en années-lumière :

Étoile de Barnard : 5,9 a.l.
Wolf 359 : 7,8 a.l.
Lalande 21185 : 8,3 a.l.
Sirius : 8,6 a.l.
Luyten 726-8 : 8,7 a.l.
Ross 154 : 9,7 a.l.
Ross 248 : 10,3 a.l.

Calculer la puissance du Soleil

Vous êtes nombreux à me demander comment calculer la puissance du Soleil.

Oui, bon... Personne ne me l'a encore vraiment demandé, mais en tout cas, c'est une bonne manière d'introduire un propos, quel qu'il soit : « Vous êtes nombreux à demander... ». D'autres l'utilisent, n'est-ce pas ? Eh bien, moi aussi !

Le résultat de ce petit calcul nous donnera une idée de ce que nous sommes par rapport à notre étoile.

Donc, vous êtes nombreux à me demander comment calculer la puissance du Soleil. Je vais voir ça avec vous en deux coups de cuillère à pot. (Je ne sais pas du tout ce qu'est une cuillère à pot en fait, mais peu importe. Je décide de faire usage de cette expression qui en vaut une autre.)

Pour calculer la puissance du Soleil, nous avons besoin d'effectuer une mesure de la puissance dégagée par son rayonnement sur une surface donnée à une distance donnée.

La surface : afin de simplifier nos calculs, nous allons opter pour une surface de 1 m².

La distance : la distance qui sépare la Terre du Soleil fera parfaitement l'affaire et nous simplifiera la tâche puisqu'une écrasante majorité d'entre nous se trouve justement sur Terre. Autant effectuer cette mesure sur place puisqu'il n'est nullement nécessaire de la faire ailleurs.

Ces deux choix sont d'autant plus pertinents que cette mesure a déjà été faite, et vérifiée plusieurs fois, par des gens compétents. Cela va tellement nous simplifier la vie que nous n'aurons finalement besoin que d'un seul coup de cuillère à pot pour calculer la puissance du Soleil. Nous utiliserons le deuxième pour autre chose…

Constante solaire

Vous étiez des millions à me demander : « Qu'est ce que la constance solaire ? » Eh bien, c'est cette mesure justement ! Elle s'appelle la constance solaire et donne donc l'énergie solaire captée sur une surface de 1 m², perpendiculaire aux rayonnements de notre étoile et sans le filtre atténuateur de l'atmosphère, à la distance moyenne qui sépare la Terre du Soleil. Sa valeur est : 1 367 watts, symbole « W ».

Arrondissons l'unité astronomique (UA) à 150 000 000 km. Nous allons nous en servir dans un instant.

Dans ce qui suit, nous supposons l'isotropie du rayonnement solaire, c'est-à-dire que la puissance du rayonnement est la même dans toutes les directions. Ce qui est vérifié par différentes observations, notamment par les sondes Hélios.

Mais comment connaître l'énergie de rayonnement totale produite par le Soleil ? Il faudrait pouvoir l'enfermer dans une énorme sphère pour mesurer l'énergie que cette dernière recevrait. Personne dans mes connaissances n'a le moyen de construire cette sphère, mais nous pouvons l'imaginer et nous allons voir que ce sera suffisant. Oui, concevons donc dans notre esprit une sphère qui aurait le Soleil en son centre et qui aurait un rayon exact d'une unité astronomique. La Terre serait donc quelque part sur sa circonférence. La voyez-vous ?

Sur cette image nous voyons la grande sphère imaginaire au centre de laquelle se trouve le Soleil ; elle a un rayon de une UA, soit 150 000 000 km (Notre valeur arrondie). À droite, sur la circonférence de cette sphère, on peut voir une autre sphère bien plus petite qui figure la Terre. Ces deux objets ne sont manifestement pas à l'échelle l'un par rapport à l'autre. La Terre a été volontairement agrandie pour être visible. Notre planète ne fait en effet que 6 370 km de rayon ; à l'échelle, elle serait donc invisible.

Nous savons déjà qu'un seul m² de cette immense boule reçoit une énergie de rayonnement solaire de 1 367 W, n'est-ce pas ? Nous l'avons vu plus haut. Il ne reste plus qu'à calculer la surface de cette sphère pour savoir combien de m² elle fait.

Puisque ce sont des m² que nous cherchons, exprimons r, le rayon de notre sphère, en m : 150 000 000 km = 150 000 000 000 m.

Vous étiez trente millions de milliards à me le demander : la formule de la surface de la sphère est : $4 \pi r^2$.

Décomposons tranquillement :
$4 \pi = 4$ fois $3{,}1416 = 12{,}5664$.
$r^2 = 150\,000\,000\,000^2 = 2{,}25 \times 10^{22}$.
Donc :
$4 \pi r^2 = 12{,}5664 \times (2{,}25 \times 10^{22}) = 2{,}8274 \times 10^{23}$.

Notre sphère imaginaire a donc une surface de : $2{,}8274 \times 10^{23}$ m². 282 740 000 000 000 000 000 000 m² !

Puisque chacun de ces m² reçoit une énergie solaire de 1 367 W, la sphère qui enferme la totalité de l'astre reçoit la même chose × par sa surface exprimée en m².

Soit : $(1\,367\,W) \times (2{,}8274 \times 10^{23}\,m^2) = 3{,}8651 \times 10^{26}$ W.

Le Soleil atteint donc une puissance de rayonnement de : 386 510 000 000 000 000 000 000 W. Plus de 386 millions de milliards de milliards de watts.

Les watts ne me disent pas grand-chose ! Voulez-vous voir cette puissance exprimée en chevaux ? Vous êtes 150 fois la population mondiale à me l'avoir demandé :

1 ch = 735,5 W. Il suffit donc de diviser par cette valeur :

$(3,8651 \times 10^{26}$ W$) / 735,5 = 5,2551 \times 10^{23}$ ch.

Le Soleil atteint donc une puissance de : 525 510 000 000 000 000 000 000 ch. 525 510 milliards de milliards de chevaux !

Consommation du Soleil
Uniquement pour son rayonnement

Vous êtes plus de cent milliards de fois la population de l'Univers à me l'avoir demandé : « mais combien consomme le Soleil pour délivrer une telle puissance de rayonnement ? » Nous allons utiliser le deuxième coup de cuillère à pot pour le calculer.

La puissance est une quantité d'énergie délivrée par unité de temps. C'est en quelque sorte le débit de l'énergie produite. L'énergie peut être quantifiée avec l'unité du système international : joule, symbole « J ».

Une puissance de 1 watt correspond à un débit d'énergie de 1 joule par seconde.

Plus concis : 1 W = 1 J/s.

Nous avons vu que le Soleil délivre une puissance de : $3{,}8651 \times 10^{26}$ W. Il produit donc une énergie de : $3{,}8651 \times 10^{26}$ J/s.

Au sujet de l'énergie (E), Einstein nous a appris que :

$$E = mc2$$

Ce qui veut dire que l'énergie (E) contenue dans une certaine masse de matière (quelle que soit cette matière) est égale à cette masse (m) multipliée par la vitesse de la lumière (c) au carré.

Nous, ce qui nous intéresse c'est m, car c'est la masse qui correspond à l'énergie produite par le Soleil chaque seconde. Nous voulons donc savoir à quoi m est égal. Nous pouvons déduire de $E = mc^2$ que $m = E/c^2$.

Nous avons $E = 3{,}8651 \times 10^{26}$ J/s.

Nous avons c = 299 792 458 m/s (nous allons arrondir à 3×10^8)

Donc $c^2 = 9 \times 10^{16}$.

La masse qui correspond à l'énergie produite chaque seconde par le Soleil pour son rayonnement est donc de :

$(3{,}8651 \times 10^{26}) / (9 \times 10^{16}) = 4{,}27 \times 10^9$ kg $= 4{,}27 \times 10^6$ tonnes.

Ainsi, le Soleil consomme 4,27 millions de tonnes de matière par seconde uniquement pour produire le rayonnement que nous pouvons mesurer.

Quand on pense que cela dure depuis 4,5 milliards d'années (puisque c'est l'âge de cette étoile) et que ce n'est pas près de s'arrêter, cela donne une mesure de sa considérable masse : 2×10^{27} tonnes. Pour un humain de 75 kg, cela ne représenterait qu'une perte de 0,00016 nanogramme. Une masse 6 000 fois moindre que celle d'une seule cellule !

Oui, mais… 4,27 millions de tonnes de matière par seconde c'est d'autant plus énorme qu'il s'agit d'énergie nucléaire. Celle-ci est environ un million de fois plus énergétique que l'énergie chimique de combustion que nous utilisons par exemple quand nous brûlons de l'essence pour propulser une voiture. Pour essayer de nous représenter la puissance du Soleil nous pourrions estimer sa consommation en équivalent essence, mais cela donnerait un chiffre encore plus grand qui échapperait encore plus à notre entendement. Je vais donc vous proposer autre chose.

D'après l'Agence internationale de l'énergie, en 2011 la consommation énergétique mondiale était de 8,9 milliards de tep (tonne d'équivalent pétrole). Ceci représente toutes les énergies : charbon + bois + pétrole + nucléaire + renouvelables… toutes !

Source : rebrand.ly/ConsoMonde

Bien ! Partons de cette donnée et calculons la consommation énergétique annuelle mondiale de 2011 en J (joule) :

1 tep = 42 GJ (Giga Joule). Donc 8,9 milliards × 42 milliards = $3{,}738 \times 10^{20}$ joules.

Nous avons vu plus haut que le Soleil produit une énergie de : $3{,}8651 \times 10^{26}$ J par seconde. Combien de fois est-ce supérieur à la consommation énergétique mondiale de 2011 ?

$(3{,}8651 \times 10^{26}) / (3{,}738 \times 10^{20})$ = 1 034 002.

Pour faire fonctionner le Soleil durant une seule seconde, nous devrions lui donner plus d'un million de fois toutes les sources d'énergie mondiales que nous avons consommées en 2011, toutes sans tricher, sans détourner une seule allumette pour s'en faire un cure-dent. Plus d'un million d'années de toutes nos énergies mondiales ! Il est bien évident qu'il ne resterait plus aucune source d'énergie sur Terre. Notre planète tout entière ne possède donc pas suffisamment de sources d'énergie (accessibles à nos moyens actuels) pour faire briller son étoile une seule seconde.

Représentation à l'échelle

- Soleil, diamètre = 1 391 000 km.

Masse = 1,98 × 10^{27} t (333 071 fois la Terre).

- Terre, diamètre = 12 732 km.
- Lune (le petit point rouge), diamètre = 3 474 km.
- Distance Terre-Lune = 384 000 km.

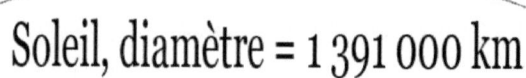

Pour résumer :

Le Soleil à une puissance de 3,8651 × 10^{26} W ou 5,2551 × 10^{23} ch.

Pour produire cette énergie, il consomme 4,27 millions de tonnes de matière par seconde. En effet, au cœur du Soleil où règne une température de 15 millions de degrés, chaque seconde 619 millions de tonnes d'hydrogène sont converties en 614,73 millions de tonnes d'hélium. La différence de masse de 4,27 millions de tonnes est transformée en énergie selon la célèbre équation d'Einstein $E = mc^2$.

Cette formidable machine stellaire est si puissante qu'il ne lui faudrait qu'une seule seconde pour délivrer

1 000 000 d'années de notre production d'énergie mondiale sous toutes ses formes (calcul réalisé sur notre production de 2011).

Rappelons que le Soleil est très loin d'être la plus grande et la plus puissante étoile de l'Univers !

Les galaxies

Les galaxies sont de gigantesques concentrations d'étoiles, de tailles et de formes variées. La nôtre, celle qui contient le Soleil ainsi que les étoiles citées plus haut, se nomme la « Voie lactée » ou la « Galaxie » avec un G majuscule. Elle a une forme de spirale occupée en son centre par un bulbe sphérique. Le diamètre de la Voie lactée est de quelque 100 000 années-lumière. Il est tout à fait impossible de compter individuellement toutes les étoiles qui la composent, mais on estime ce nombre entre 100 et 300 milliards.

Arrêtons-nous un moment pour laisser le temps à notre esprit d'appréhender de telles grandeurs ; aidons-le par quelques exemples ou comparaisons :

100 milliards c'est plus de dix fois la population mondiale. Il y a donc dix fois plus d'étoiles dans la Galaxie que d'humains sur Terre.

Comment se représenter 100 000 années-lumière ?

En imaginant que nous disposions d'un vaisseau capable d'atteindre la vitesse de la lumière, il faudrait 100 000 ans pour traverser la Galaxie. À l'aide d'un véhicule se déplaçant à 1000 km/h, ce qui est honorable sur Terre, il faudrait alors compter 3 405 922 303 954 320 000 années. Nombre péniblement lisible et totalement inconcevable qui n'a qu'un seul intérêt, c'est justement celui de nous faire réaliser que nous n'arrivons pas à le réaliser, tant il est vrai que nous ne sommes rien en regard de telles dimensions. Ce nombre d'années est si grand que la Galaxie n'existerait plus depuis longtemps avant que nous n'arrivions au terme de notre périple. Paradoxe absurde !

Mais il est à présent temps de reprendre notre expérience :

Prenez un grain de sable, vous disais-je, le plus petit possible. Il est beaucoup trop gros ! En vous aidant d'une puissante loupe, posez au bout de votre index la plus petite chose que vous puissiez discerner. Un grain de farine ou de pollen, quelque chose du genre. Ce qui importe c'est que cette chose soit à la limite de votre vision. La discernez-vous ? Et bien, elle est encore beaucoup beaucoup trop grosse ! Concevez alors une minuscule sphère invisible qui ne fasse que 170 nm de diamètre. (1 nm = un millionième de mm). L'imaginez-vous, posée sur votre doigt ?

Et bien, dites-vous que sa taille, comparée à celle de la Terre toute entière, est égale à la taille de la même Terre comparée à celle de la Galaxie ! C'est un fait, notre monde n'est pas plus gros qu'un virus à l'échelle de la Voie lactée ! Donnons le coup de grâce à nos dernières prétentions en nous pénétrant de l'idée que cette dernière est à son tour quasi invisible dans l'Univers ! Nous voyons en effet dans celui-ci d'innombrables galaxies. Combien y en a-t-il ? Des centaines de milliards c'est certain. Quelle est la plus proche de la nôtre et à quelle distance se trouve-t-elle ?

C'est la galaxie d'Andromède. Elle est à 2,5 millions d'années-lumière ! 2,5 millions d'années-lumière ! Notre plus proche voisine ! Cela veut dire que la lumière qui nous vient d'elle a mis 2,5 millions d'années à nous parvenir ! Ce qui entraîne que nous ne la voyons pas ainsi qu'elle est maintenant, mais telle qu'elle était, et là où elle était, il y a 2,5 millions d'années. À l'époque de l'Homo habilis ! Les autres galaxies sont beaucoup plus loin encore…

Oui, l'infini c'est grand !

Nous, nous ne sommes immenses que dans la dérision, quand nous entreprenons de conquérir territoires, fortunes ou pouvoir durant notre éclair de vie sur notre monde-poussière !

L'homme s'est posé sur la Lune. Que représente ce voyage par rapport à celui qui nous amènerait près de Proxima du Centaure ? Il suffit de calculer le rapport des deux distances :

(Terre-Proxima du centaure : 39 924 978 000 000 km) / (Terre-Lune : 384 400 km) = 103 863 376.

La première étoile se trouvant en dehors du système solaire se trouve donc 103 863 376 fois plus loin de la Terre que la Lune.

Que représente ce chiffre ? Imaginons une construction 35 fois plus haute que la tour Eiffel. Imaginons aussi un intrépide spationaute qui poserait une feuille de papier de 1/10 de mm d'épaisseur sur le sol près de cet édifice. En montant sur cette feuille, il se rapprocherait du sommet de la construction dans le même rapport (celui qu'il y a entre les deux distances que nous voulions comparer). Rappelons qu'il ne s'agit pourtant que de l'étoile la plus proche !

Que peut-on déduire de tout cela ?

Qu'en regard de l'Univers, notre taille est tellement infinitésimale que nous n'arrivons même pas à nous représenter notre petitesse malgré nos efforts pour y parvenir.

Notre taille dans le temps

Nous pouvons constater pour le temps ce que nous avons constaté pour l'espace ; cette dimension tient notre esprit en échec de la même manière. Le temps est-il infini ? Si c'est le cas, il n'a jamais commencé et il ne finira jamais. Notre sens commun a du mal à accepter que quelque chose qui n'a jamais commencé puisse exister. Nous avons cependant autant de difficulté à supposer que le temps ait eu un commencement, car à peine cette idée germe-t-elle que nous voilà encore assaillis de questions toutes plus absurdes les unes que les autres :

— Qu'est-ce qu'il y avait avant le temps ? (« Avant » n'a plus de sens, puisqu'il n'y avait pas de temps.)

— En combien de temps est né le temps ? Peu à peu ou instantanément ? (Impossible de répondre tant que le temps n'existait pas encore.)

— Combien de temps s'est-il écoulé avant que le temps n'existe ? (Sans commentaires !)

Comme nous l'avons fait pour les dimensions de l'espace, laissons ces questions de côté et contentons-nous de considérer ce que nous sommes capables de penser.

On estime aujourd'hui que l'Univers (celui qu'il nous est permis d'observer) a quelque 14 milliards d'années. 14 000 000 000 ans. Comme pour les grandeurs de l'espace, nous avons le plus grand mal à nous représenter de telles valeurs. Cela représente 140 millions de fois la vie d'un centenaire !

La Terre a 4,5 milliards d'années.

Apparition des Homo sapiens, il y a : 200 000 ans.

Invention de l'écriture, il y a : 3 500 ans.

Durée de vie d'un humain centenaire : 100 ans.

Ramenons la vie de l'Univers à un an et recalculons ces valeurs :

Donc, âge de l'Univers = 1 an = 365,25 jours.

Âge de la Terre = 117 jours.

Apparition des Homo sapiens : 7 min 30 s.

Invention de l'écriture : presque 8 s.

Durée de vie d'un humain centenaire : 0,255 s.

Oui, si on compresse le temps de manière à ramener l'âge de l'Univers à une seule année, alors la vie d'un centenaire se résumerait à 255 millièmes de seconde !

Qu'est-ce qu'un esprit pourrait saisir d'un Univers, vieux d'un an, en ne vivant qu'un quart de seconde ? Il n'aurait que le temps de saisir qu'il ne peut rien saisir, que le temps de comprendre qu'il n'est rien.

Partie 2
Combien nous sommes grands !

Les cellules

Le nombre de cellules composant un humain, moyen et adulte, est environ de 10^{14} (100 000 000 000 000).

Elles sont de dimensions variables, mais, vu ce nombre considérable dans un volume délimité par un corps humain, on se doute qu'elles sont de petite taille. Ce sont pourtant des structures d'une complexité étourdissante ! Elles contiennent bien plus de machinerie que nos plus grandes usines. Des centaines d'organites de toutes sortes : peroxysomes, réticulum endoplasmique, appareil de Golgi, mitochondries, lysosomes, ribosomes…

Tout cela est si complexe que des armées de biologistes œuvrent avec patience et opiniâtreté depuis des générations dans le but de comprendre comment les cellules fonctionnent. Pour ne prendre que le ribosome, par exemple, chaque cellule en contient un ; il ne s'agit pas moins que d'un assembleur moléculaire qui assemble les acides aminés (de grosses molécules) pour construire nombre de protéines (des molécules, donc, encore plus grosses). Pendant que vous lisez cette ligne, plusieurs milliards de ces macromolécules seront construites par vos ribosomes.

Les macromolécules sont de très grosses molécules. Les molécules sont des constructions d'atomes assemblés entre eux. L'une des petites molécules les plus connues est celle de l'eau : H_2O.

H_2O veut dire : Hydrogène 2 atomes + Oxygène un seul atome.

Les atomes

Les atomes sont considérablement plus petits que les cellules. Comme ces dernières, il en existe de différentes tailles. Il n'est pas facile de donner des chiffres précis, car ils varient selon l'état dans lequel ils se trouvent et selon différentes manières de considérer leur frontière. Cependant, la plupart des modèles donnent des diamètres compris entre 60 pm pour l'atome d'hélium (le plus petit) et 600 pm pour l'atome de césium (le plus gros). « pm » est le symbole du picomètre, 1 pm = 10^{-12} m. C'est-à-dire 1/1 000 000 000 000 de mètre, ou bien encore un milliardième de millimètre.

Les atomes ont une taille telle que, dans un seul gramme d'hydrogène, il en existe $6,022\,141\,29 \times 10^{23}$. C'est-à-dire : 602 214 129 000 000 000 000 000. Plus de six cent mille milliards de milliards ! Leur population est plus de 85 000 milliards de fois supérieure à celle des humains dans le monde !

Si on estime que dans l'Univers qu'il nous est permis d'observer on dénombre environ 200 milliards de galaxies contenant chacune 200 milliards d'étoiles en moyenne, cela fait 40 000 milliards de milliards d'étoiles. Ce chiffre énorme est encore inférieur au nombre d'atomes contenus dans un seul gramme d'hydrogène.

Le nombre $6,022\,141\,29 \times 10^{23}$, cité plus haut, est appelé « Nombre d'Avogadro ». Il est bien, dans l'emploi que je viens d'en faire, le nombre d'atomes contenus dans un gramme d'hydrogène, mais il est rigoureusement défini comme le nombre d'atomes contenus dans 12 grammes de carbone 12.

C'est aussi le nombre de molécules contenues dans 18 grammes d'eau. Il suffit donc de le diviser par 18 pour obtenir le nombre de molécules H_2O contenues dans un seul gramme d'eau : $3,35 \times 10^{22}$. Comme chacune de ces molécules est formée de trois atomes (2 d'hydrogène + 1 d'Oxygène), en multipliant ce dernier chiffre par 3 on obtient le nombre d'atomes qui compose un seul gramme d'eau, soit 10^{23}.

Oui, on compte donc 100 000 000 000 000 000 000 000 atomes dans 1 g d'eau !

Compte tenu du fait que les constituants majoritaires du corps humain sont l'eau et le carbone, il serait facile d'estimer de combien d'atomes nous sommes faits en moyenne. Inutile cependant d'aller jusque là pour être persuadé que le chiffre obtenu serait tellement grand qu'il serait difficile à concevoir.

Les noyaux atomiques

Le noyau de l'atome est en moyenne 100 000 fois plus petit que l'atome. Il est constitué d'éléments appelés nucléons ayant un rayon inférieur à 1 fm (1 femtomètre = 10^{-15} m). Chacun de ces nucléons est à son tour composé de trois éléments plus petits appelés quarks. Ils sont quelque 1 000 fois plus petits que les nucléons (10^{-18} m).

Ce que nous avons vu est déjà suffisant pour être convaincus que nous sommes nous-mêmes un Univers gigantesque pour les particules.

Nous voyons que nous sommes situés entre l'infiniment grand et l'infiniment petit. Selon ce que nous considérons, nous pouvons constater combien nous sommes petits, ou bien combien nous sommes grands.

Partie 3
Combien nous sommes insignifiants et sans importance !

Dans la partie 1, nous avons vu la place que nous occupons dans l'Univers. En terme de volume, comme en terme de masse, nous ne représentons rien. Il a été montré que la Terre n'est pas plus grosse qu'un virus à l'échelle de la Voie lactée ! Et que cette dernière est à son tour invisible dans l'Univers. Comme nous ne sommes nous-mêmes que des microbes à la surface de notre monde, autant dire qu'on en arrive à se demander si nous existons vraiment ! Heureusement que l'infiniment petit est là pour nous rassurer un peu !

Nous savons aussi que nous occupons si peu de place dans le temps que même la vie d'un centenaire n'est qu'un éclair.

Le laboratoire de l'Univers dispose de tant de place et de tant de temps que nous ne sommes pour lui qu'une expérience comme une autre parmi une infinité. Si cette expérience-là tourne mal, parce que nous nous détruisons, pour une raison ou une autre et de quelque manière que ce soit, cela se verra bien moins qu'un seul grain de blé qui n'a pas poussé dans toute la récolte mondiale. Même si nous pulvérisons toute notre planète, cet événement ne sera regrettable que pour nous… et pour les pauvres créatures animales et végétales que nous entraînerons dans notre trépas. Rien d'autre que cette expérience-là ne sera perdu pour l'Univers ; même la matière qui compose la Terre et tous ses habitants sera réutilisée pour d'autres expériences quelque part en quelque temps. Comme les cubes d'un jeu de construction. Cette construction-là s'est effondrée, les pièces sont disponibles pour en édifier d'autres.

Nous sommes insignifiants et sans importance !

Partie 4
Combien nous sommes précieux et importants !

L'atome
Les atomes sont constitués d'un noyau (de charge positive) autour duquel gravitent des électrons (de charge négative).

Le noyau
Comme cela a été dit précédemment, le noyau est environ 100 000 fois plus petit que l'ensemble de l'atome. Il est, à l'exception de l'hydrogène, constitué de deux sortes de particules appelées nucléons : les protons et les neutrons. Les protons sont de charge positive ; ce sont eux qui confèrent la charge positive du noyau. Les neutrons ne sont ni positifs ni négatifs, ils sont électriquement neutres.

L'atome le plus simple et le plus léger est celui de l'hydrogène. Son noyau n'est constitué que d'un proton. Un seul électron gravite autour de cet unique nucléon.

Élément chimique et numéro atomique

On appelle « **élément chimique** » l'ensemble des atomes qui possèdent le même nombre de protons dans leur noyau. Ainsi, tous les atomes qui possèdent un seul proton dans leur noyau sont de l'élément chimique hydrogène. Tous les atomes qui possèdent deux protons dans leur noyau appartiennent à l'élément chimique hélium. Ce nombre de protons est appelé « le **numéro atomique** de l'élément », il est noté « Z ». En effet, ce qui caractérise un élément est uniquement le nombre de protons. Autrement dit : si deux atomes ont un nombre identique de protons, ils appartiennent au même élément, même si leur noyau ne possède pas le même nombre de neutrons. Dans leur état « normal », c'est-à-dire non ionisé[1], les atomes possèdent le même nombre d'électrons que de protons dans leur noyau. Ce nombre

---

[1] Dans certaines circonstances, relativement rares, les atomes peuvent posséder momentanément un nombre d'électrons différent de leur nombre de protons. On les dit alors ionisés. Dans le cas où un atome a un nombre d'électrons supérieur à Z, il s'agit d'un ion négatif, puisqu'il est constitué de plus de charges négatives que de charges positives. Dans le cas contraire, s'il lui manque des électrons par rapport à son nombre de protons, c'est un ion positif.

d'électrons périphérique est très important, car c'est lui qui détermine le comportement chimique des atomes.

Prenons l'exemple du carbone (symbole C). Cet élément a le numéro atomique 6 (Z=6). Par définition, il possède donc 6 protons. Mais on connaît 15 atomes différents du carbone en ce sens qu'ils possèdent un nombre de neutrons différent d'un isotope à l'autre ; les atomes ne différant que par leur nombre de neutrons sont appelés les isotopes de l'élément. Le carbone a donc 15 isotopes. Du carbone 8 au carbone 22.

En voici quelques exemples :

— Le carbone 8 est l'isotope du carbone dont le noyau est fait de 6 protons et de 2 neutrons. 6+2=8 nucléons, c'est pour cette raison qu'on l'appelle carbone 8.

— Le carbone 11 est l'isotope du carbone dont le noyau est fait de 6 protons et de 5 neutrons. 6+5=11 nucléons, c'est pour cette raison qu'on l'appelle carbone 11.

— Le carbone 12 est l'isotope du carbone dont le noyau est fait de 6 protons et de 6 neutrons. 6+6=12 nucléons, c'est pour cette raison qu'on l'appelle carbone 12.

— Le carbone 14 est l'isotope du carbone dont le noyau est fait de 6 protons et de 8 neutrons. 6+8=14 nucléons, c'est pour cette raison qu'on l'appelle carbone 14.

etc. Jusqu'au carbone 22.

Nombre de masse A

Le nombre de nucléons (protons + neutrons) est appelé « **nombre de masse** », il est noté « A ».

Prenons un second exemple. L'élément oxygène (Symbole O) a le numéro atomique 8 (Z=8), ce qui indique qu'il possède donc 8 protons. On recense 17 isotopes de cet élément. Cela va de l'oxygène 12 à l'oxygène 28.

Ce qui veut dire qu'il existe 17 atomes d'oxygène différents possédant tous 8 protons (sinon ce ne serait pas de l'oxygène) + de 4 à 20 neutrons selon l'isotope.

L'oxygène 12 possède 8 protons + 4 neutrons. L'oxygène 13 possède 8 protons + 5 neutrons. Ainsi de suite jusqu'à l'oxygène 28 qui possède 8 protons + 20 neutrons.

Donc en résumé, l'oxygène :
Symbole O.
Z = 8.
A = de 12 à 28 selon l'isotope.

Le nombre d'éléments connus est de 118.

Les éléments sont des pièces qui s'assemblent pour former des objets plus ou moins complexes nommés molécules. Presque tous sont nécessaires à la vie en différentes quantités.

À présent que nous avons succinctement dit ce qu'est un élément, intéressons-nous à l'abondance relative, dans l'Univers, d'un certain nombre d'entre eux.

Abondance de quelques éléments dans l'Univers

Tableau trié du plus abondant au plus rare.

— Hydrogène :

Il apparaît que l'élément le plus répandu dans l'Univers est l'hydrogène : 92 %. Rappelons que c'est l'élément le plus simple, son noyau ne possède qu'un seul proton (Z=1). Cet élément est un important composant de notre corps, mais vu son abondance nous ne risquons pas d'en manquer.

— **Hélium** :

Le deuxième élément le plus abondant dans l'Univers est l'hélium : 7,1 %. Son noyau est deuxième dans l'ordre de la complexité ; il ne réunit que deux protons ($Z=2$).

À eux deux, l'hydrogène et l'hélium possèdent au total 99,1 % des atomes de tout l'Univers. Tous les autres éléments se partagent le reste, soit 0,9 %.

— **Oxygène** ($Z=8$) :

Le si précieux oxygène comptabilise seulement 0,05 % des atomes de l'Univers. Outre le fait que ce soit, en termes de masse, le principal composant de notre corps, il est indispensable à notre respiration. Lié à l'hydrogène, il forme la molécule d'eau dont nous avons tant besoin.

— **Carbone** ($Z=6$) :

Le carbone est en masse le deuxième composant du corps humain : 18,1 %. En nombre d'atomes, il n'existe qu'à 0,0081 % dans l'Univers.

— **Azote** ($Z=7$) :

Cet élément occupe 3 % de la masse de notre corps. Il est, sur toute la planète, l'acteur du « cycle biogéochimique de l'azote » sans lequel la vie n'existerait pas. On le trouve aussi dans les protéines et dans les bases azotées de l'ADN. Indispensable, il n'est pourtant présent qu'à 0,015 % dans l'Univers.

Mais d'autres éléments essentiels à notre existence sont encore plus rares. Voyez le calcium (Z=20) à peine 0,00 015 %. Le cuivre (Z=29), aussi indispensable à notre corps qu'à notre industrie, n'existe qu'à 0,00 000 049 % ! C'est-à-dire seulement 1 atome sur 200 millions !

Pourquoi les atomes possédant plus de deux protons dans leur noyau (Z>2) sont-ils présents en de si faibles quantités ?

Les premiers atomes qui se sont formés étaient ceux de l'élément hydrogène (Z=1). Pour cela, il suffisait qu'un proton libre s'associe avec un électron libre. C'était assez facile, le proton de charge positive et l'électron de charge négative s'attirant l'un l'autre, grâce à une des forces fondamentales de l'Univers que l'on appelle la « force électromagnétique ». Grâce à cela, de l'hydrogène il y en eut rapidement beaucoup.

En revanche, il était moins probable que des atomes d'hélium (Z=2) se forment, car pour ce faire il faut réunir dans un même noyau deux protons, particules se repoussant puisque toutes deux sont positives. Il était de ce fait tout à fait improbable que des noyaux plus gros qu'un seul proton se forment.

Cela s'est pourtant produit puisque les noyaux comportant plus d'un proton existent. Mais, comment est-ce possible, d'aucuns seront en droit de se demander, puisque la force électromagnétique les conduit à se repousser ?

Pour l'expliquer, le moment est venu de présenter quatre personnages très importants dans le roman de l'Univers : **les quatre forces fondamentales.**

Il y a bien longtemps, en termes de vie humaine, les hommes comptaient dans la nature un grand nombre de forces. Or, le but ultime de la science est de relier un maximum de phénomènes à un minimum d'explications. Le rêve de tout scientifique est de pouvoir un jour s'exclamer à la face du monde : « Hourra, j'ai trouvé ! Je peux expliquer tout l'Univers en une seule courte formule ! » Une expression du genre : « Tout = Racine cubique d'un truc sur un bidule ».

Œuvrant à cette fin, de nombreux esprits ont sans cesse tenté de rassembler plusieurs phénomènes pour n'en faire qu'un seul. Un des plus beaux et des plus spectaculaires de ces tours de magie fut celui d'Isaac Newton qui démontra que la force qui faisait tomber les objets sur le sol était exactement la même que celle qui retenait la Lune dans sa ronde autour de la Terre, et qui retenait cette dernière dans sa propre ronde autour du Soleil... Et ainsi de suite, puisqu'il en est de même pour tout ce qui gravite dans l'Univers. Il s'agit de la force de gravitation. Cette belle découverte a d'un seul coup fait faire un grand pas vers la simplification en permettant de donner une explication commune à ce qui paraissait autrefois une foule de phénomènes séparés et différents.

Le terme en usage pour parler de cette simplification est le verbe unifier. On parle par exemple d'unifier telle force avec telle autre pour n'en faire qu'une. Le premier, ou la première, qui a fait remarquer que la force du cheval, la force du bœuf et celle de l'homme pouvaient être confondues en une seule et unique force, qu'on pouvait désormais appeler « force musculaire », avait unifié trois forces, ces trois forces ayant en commun d'être produites par des muscles.

D'unification en unification, la science n'identifie aujourd'hui plus que quatre forces dans tous les phénomènes observables de l'Univers.

Les quatre forces fondamentales

La force de gravitation

Au XVIIe siècle, Isaac Newton a découvert et expliqué le comportement de cette force d'attraction qui agit sur toutes les masses de l'Univers :

« *Tous les corps de l'Univers s'attirent proportionnellement à leur masse et inversement proportionnellement au carré de la distance qui sépare leur centre de gravité.* »

C'est cette force qui est responsable du poids de tout ce qui est sur notre monde. Elle est la plus faible des quatre forces, mais c'est celle dont la portée est la plus grande. En effet, tous les objets de l'Univers s'attirent les uns les autres. C'est une force avec laquelle tous ceux qui veulent éviter de prendre du poids savent qu'on ne peut pas négocier ; elle est sans pitié ! vous diront-ils.

La force électromagnétique

Son intensité est considérablement supérieure à la force de gravitation, mais sa portée est beaucoup plus faible. En effet, cette force n'agit que sur les particules chargées électriquement. L'électron, de charge négative, et le proton, de charge positive. Deux charges de même signe se repoussent tandis que deux charges de signe opposé s'attirent. Il en résulte que cette force conduit les électrons à se repousser entre eux, les protons à se repousser entre eux également, mais invite les protons et les électrons à s'attirer mutuellement. Elle forme donc les atomes en reliant les électrons autour des noyaux, ces derniers étant toujours de charge positive puisqu'ils contiennent des protons. La force électromagnétique fait bien plus encore, car elle relie les atomes entre eux pour qu'ils forment les objets que nous appelons molécules. Comme la force de gravitation, elle est inversement proportionnelle au carré de la distance qui sépare deux particules.

Aujourd'hui, nous pouvons dire que la force musculaire est une manifestation de la force électromagnétique, car elle est produite par des protéines motrices (l'actine et la myosine). La force produite par la dynamite, le moteur à combustion interne de nos voitures, l'énergie produite par tous les combustibles et toutes les réactions chimiques sont également du ressort de cette même force. C'est dire comme les forces ont été unifiées !

La force nucléaire forte

C'est la plus forte de toutes ; elle est 100 fois plus puissante que la force électromagnétique, mais sa portée est la plus faible de toutes. Elle n'agit qu'à l'échelle du noyau. C'est cette force d'attraction très vigoureuse qui colle les protons et les neutrons (les nucléons) dans le noyau des atomes.

La force nucléaire faible

Il n'est pas vraiment nécessaire de vous la présenter dans ce propos. Cela le compliquerait inutilement. Je la cite uniquement pour ne pas faire de jalouses. Mieux vaut rester en bons termes avec les forces fondamentales de l'Univers…

Dans cette histoire, il existe donc un personnage capable de réunir les protons, malgré la force électromagnétique qui les incite à se repousser. Ce personnage est bien sûr la force nucléaire forte. Il suffit que deux protons s'approchent assez l'un de l'autre pour que cette dernière, s'opposant sans ménagement à la répulsion de la force électromagnétique, les unisse fortement. Cela se produit dans certaines conditions de température et de pression extrêmes. Plus la pression est grande, plus les particules sont proches. Et, plus la température est haute, plus elles s'agitent violemment. Dans un tel chahut, à force de se trémousser de la sorte, des protons finissent par se rencontrer. Quand cela se produit, la force nucléaire forte qui les assemble prend le pas sur la force électromagnétique qui les séparait ; il se forme alors un noyau d'hélium, à partir de ce qui était deux noyaux d'hydrogène. La formation de noyaux de plus d'un proton est appelée **nucléosynthèse**.

La nucléosynthèse

Quand et où les conditions propices à la nucléosynthèse ont-elles lieu ?

La nucléosynthèse primordiale

Selon la théorie, des conditions propices à la nucléosynthèse auraient eu lieu au tout début de la naissance de l'Univers, une centaine de secondes après le Big Bang. Un certain nombre de noyaux à 2 protons (hélium) et même à 3 protons (lithium) se seraient formés.

La nucléosynthèse stellaire

Ce terme désigne la nucléosynthèse engendrée par la fusion nucléaire se produisant au cœur des étoiles. C'est la nucléosynthèse stellaire qui a produit la plus grande part des noyaux atomiques que nous connaissons. Elle a fabriqué la quasi-totalité des noyaux complexes de l'Univers.

Les étoiles sont des machines nucléaires d'une puissance qui dépasse notre imagination ! Notre propre étoile, le Soleil, est de taille moyenne. Elle est pourtant si grande qu'elle ne pourrait pas passer entre la Terre et la Lune. Son diamètre est 3,5 fois plus grand que la distance qui nous sépare de notre satellite naturel. Distance Terre-Lune : moins de 400 000 km. Diamètre du Soleil : presque 1 400 000 km. Notre étoile pourrait contenir plus d'un million de Terre ! Sa puissance est telle que nous ressentons sa chaleur bien qu'elle soit à quelque 150 millions de km de nous. Imaginez une source de chaleur qu'on puisse ressentir alors qu'elle se trouve à une distance égale à 3 750 fois le tour du monde ! Pour produire une telle énergie, le Soleil transforme de l'hydrogène en hélium.

Chaque seconde, pendant même que vous lisez ceci, 627 millions de tonnes d'hydrogène fusionnent en 622,6 millions de tonnes d'hélium ; la perte de masse de 4,4 millions de tonnes se transforme en énergie.

Par ailleurs, nous avons calculé qu'il consommait « seulement » 4,27 de tonnes de masse, mais cela était uniquement pour son rayonnement mesurable. Or, le rayonnement n'est pas la seule forme d'énergie émise par le Soleil, il ne faudrait pas oublier les neutrinos ainsi que le vent solaire, par exemple.

Oui, chaque seconde le Soleil maigrit de 4,4 millions de tonnes, et pourtant il est toujours là depuis 4,6 milliards d'années. Au centre de cette fantastique fournaise règnent une température de 15 millions de degrés et une pression des centaines de milliards de fois supérieure à la pression atmosphérique de la Terre.

Telles sont les conditions nécessaires à la nucléosynthèse, telles sont les fantastiques machines stellaires capables de les créer. Inutile de préciser que nous sommes incapables de fabriquer de pareils dispositifs et, quand bien même nous le serions, nous devrions toujours notre existence aux étoiles.

Selon leur stade d'évolution, elles transforment de l'hydrogène ($Z=1$) en hélium ($Z=2$), puis l'hélium en noyaux plus gros, puis ces noyaux en noyaux plus gros encore... Chacun de ces stades dure des centaines de millions d'années. Il arrive que certaines étoiles explosent en supernovae, ensemençant l'espace de leurs précieux éléments. Ceux-ci pourront un jour se retrouver sur une planète aux conditions propices à la vie...

Entropie

Concevons un puzzle d'une centaine de pièces seulement. Fabriquons-le de manière à ce que ses éléments s'emboîtent facilement. Mettons en vrac ces cent pièces dans un sac et secouons-le dans tous les sens. Combien de temps faudra-t-il l'agiter pour que le Puzzle soit entièrement assemblé par le hasard ? L'événement semble si peu probable ! Pour lui donner une chance d'exister, multiplions jusqu'à l'infini les sacs contenant les mêmes pièces et secouons-les tous durant un temps infini. Là, on peut se dire qu'il y a une infinité de chances pour que la chose se produise. Nous sommes donc persuadés qu'elle finira par avoir lieu, que quelque part, un jour, on pourra constater dans l'un des sacs que le puzzle s'est entièrement formé. C'est un bon raisonnement sauf si l'événement en question, l'assemblage total du puzzle, est infiniment improbable. Dans ce cas, même si on donne une infinité de chances à un événement infiniment improbable… Ces deux infinis s'annulent l'un l'autre.

Mais ne soyons pas pessimistes et continuons à croire que l'assemblage total du puzzle n'est pas infiniment improbable et que, par conséquent, il se produira comme nous l'avons imaginé à l'instant. Concentrons notre attention sur le sac élu par l'improbable événement. Que risque-t-il de se passer lors de la secousse suivante ? Qu'une partie des pièces soient à nouveau désassemblées évidemment. C'est ce qui risque de se produire chaque fois que quelques pièces sont assemblées, en fait. Pour que le puzzle soit assemblé un jour, il faudrait donc que toutes les pièces le soient en une seule secousse. À moins que ne surviennent une série de secousses toutes constructives les unes après les autres, chacune ajoutant les pièces qui manquent pour compléter le puzzle. Je ne sais pas prouver mathématiquement que c'est impossible, mais… Vous voyez ce que je veux dire !

À présent, inversons notre expérience :

Assemblons nous-mêmes un puzzle ; pour cette phase de l'expérience, un seul suffira cette fois. Mettons-le dans un sac et agitons-le. Combien de secousses faudra-t-il pour que le puzzle soit en grande partie désassemblé ? Une deux, trois… Il ne sera en tout cas pas nécessaire de donner à cette éventualité une infinité de chances d'exister. Nous savons tous que nous pourrons cesser de secouer notre unique sac bien avant d'avoir mal au bras !

Avec cette expérience du puzzle, il est aisé de constater ce que nous constatons sans cesse : tout autour de nous, le non-vivant tend vers le chaos. Mis à part la vie et quelques cristaux, rien ne se structure tout seul. Au contraire, tout se dégrade. Machines, édifices… tout ce que nous fabriquons doit être entretenu pour ne pas se désagréger au cours du temps. C'est le principe de l'entropie.

Pourtant, défiant l'entropie, les atomes se sont organisés en molécules, ces molécules se sont organisées en macromolécules d'une très grande complexité, qui ont permis la naissance des premiers êtres unicellulaires, lesquels se sont associés pour former des organismes de plus en plus complexes. Est-il besoin de dire qu'une girafe, par exemple, est considérablement plus complexe à assembler que notre puzzle de cent pièces ?

La grande question

La grande question est : « Comment des structures aussi complexes que celles de la vie ont-elles pu s'organiser alors que l'entropie s'empresse de détruire la plus petite trace d'organisation dans la nature ? » On peut la formuler ainsi : « Comment se forment les grumeaux de néguentropie de la vie dans l'entropie générale ? »

Les deux réponses les plus répandues à cette question sont les suivantes :

— Dieu a tout créé.

— Tout s'est fait tout seul selon un principe nommé « Évolution ».

(L'ordre dans lequel elles sont citées n'indique aucune préférence. Je ne pouvais simplement pas les écrire toutes les deux en même temps pour des raisons de commodité de lecture (et d'écriture !).)

Qu'apporte la première réponse ?

Certes, nous ne pouvons le nier, elle apporte une réponse à la grande question. Mais elle apporte aussi une nouvelle question, au demeurant tout aussi grande : « Qui a créé Dieu ? » À cette deuxième question, on répond parfois : « Personne. Il n'a jamais été créé. Il a toujours existé. »

Cette étape supplémentaire dans le processus d'explication met à mal notre désir de simplification initié avec l'unification. Il n'est en effet pas moins pertinent de concevoir l'hypothèse plus directe que tout a toujours existé sans avoir jamais été créé. L'hypothèse de Dieu n'apporte donc rien.

Qu'apporte la seconde réponse ?

Exactement la même chose que la première. Dans cette réponse-là, le mot « Dieu » a été remplacé par le mot « Évolution ». Dans un cas Dieu a tout créé, dans l'autre l'Évolution a tout créé. Selon cette explication, en effet, il suffit de considérer un immense lieu de la taille de l'Univers et d'attendre. Un jour, des particules y apparaîtront et des milliards d'années plus tard on y trouvera non seulement notre girafe, mais aussi bien des choses, notamment des humains dont certains nous expliqueront que c'est l'Évolution qui a tout fait. C'est une évidence ! À tel point que la question mérite à peine d'être posée. C'est une affaire fort simple ! S'en étonner c'est prendre le risque de passer pour un mystique.

Cette réponse-là fait pourtant naître une question très proche de celle induite par la première : si c'est l'Évolution qui a tout créé, qui a créé l'Évolution ? Au début, qui a fait en sorte qu'il y eût quelque chose au lieu de rien ? Et qui a fait en sorte qu'il existât des pièces de puzzles suffisamment sophistiquées pour qu'elles pussent présenter la propriété de s'opposer à l'entropie au point de s'assembler spontanément en structures de plus en plus complexes jusqu'à s'édifier en créatures capables d'imaginer Dieu ou l'Évolution ?

Si notre propre puzzle venait à s'assembler tout seul, malgré le peu de chances que cela se produise, nous saurions que c'est nous qui avons créé les pièces pour qu'elles s'ajustent. Qui, ou qu'est-ce qui, a conçu les pièces de départ de l'Univers pour que certaines s'organisent de la sorte, en structures sans commune mesure plus complexes que notre puzzle ?

L'Évolution se suffirait-elle à elle-même ? Se serait-elle elle-même créée avant d'exister pour pouvoir concevoir tout le reste ? Ou a-t-elle, elle aussi, toujours existé ?

Il ne s'agit pas de mettre en doute le darwinisme, bien sûr ! La sélection naturelle pousse toutes les créatures à s'adapter et à évoluer en les soumettant à la compétition et à la pression du milieu, c'est un fait. Mais la grande question demeure : qu'est-ce qui pousse la nature à sans cesse édifier des tentatives qu'elle soumet à la sélection naturelle ?

Peut-on vraiment être certain, sans la moindre hésitation, que passer du proton à la girafe n'est qu'une simple affaire de temps, qu'il n'y a là aucune raison d'en douter et encore moins de s'en étonner ? S'il est légitime d'applaudir un beau spectacle de prestidigitation, serait-il équitable de voir la vie apparaître du tableau de Mendeleïev en bâillant d'un air blasé ?

Je n'ai pas la prétention d'apporter ma réponse à la grande question. La seule chose que je peux dire à ce sujet est : « Je ne sais pas ». Je n'en ressens nulle frustration. À l'impossible nul n'est tenu, dit-on.

Quel pouvoir une horloge a-t-elle de se représenter l'horloger ? Je suis certain que pour imaginer le processus de complexification qui nous a fait naître mon esprit n'en a pas plus.

Nous sommes importants !

Nous avons vu que nous sommes construits avec les éléments les moins abondants de l'Univers, que pour fabriquer ceux-ci il faut compter sur les « machines » fantastiques que sont les étoiles et que celles-ci ont œuvré des milliards d'années pour fabriquer ces matériaux si rares et si précieux. Pensez à tous ces atomes qui sont dans votre corps. Imprégnez-vous de l'idée qu'ils ont des centaines de millions d'années et qu'ils sont tous nés dans le fourneau d'une étoile.

Que le moteur en soit Dieu, ou bien « Ça S'est Fait Tout Seul » ou « Quelque Chose Qui Nous Dépasse », nous avons aussi vu que nous sommes les manifestations d'un fantastique processus d'organisation de la matière.

Rien ne permet d'être catégorique à ce sujet, mais il est infiniment peu probable que nous soyons seuls dans l'infini ; le supposer un instant serait d'un orgueil insensé. Les mêmes causes produisent les mêmes effets. Or il y a, seulement dans la partie de l'Univers que nous pouvons observer, un nombre étourdissant de lieux réunissant les causes fertiles à la vie.

Quoi qu'il en soit, nous avons la chance d'être un de ces édifices de la matière qui s'oppose à l'entropie. C'est si curieux de se dire qu'à travers l'une de ses créations, l'Univers s'introspecte d'une certaine manière, ou du moins, qu'il observe une partie de lui-même de l'intérieur, qu'il s'interroge, qu'il étend sa zone d'observation et se demande si c'est Dieu, « Ça S'est Fait Tout Seul » ou « Je Ne Sais Pas » qui a créé ce qu'il voit. L'Univers pense à lui-même de l'intérieur grâce à l'une de ses propres réalisations.

Compte tenu de la rareté de notre substance, de la rareté de notre structure, il est permis de supposer que nous sommes des personnages relativement importants dans le roman de l'Univers. Sans doute n'avons-nous pas le premier rôle, mais nous ne sommes certainement pas de simples figurants. Nous sommes importants.

Que nous soyons l'œuvre de Dieu, de « Ça S'est Fait Tout Seul » ou de « Quelque Chose Qui Nous Dépasse », nous sommes à l'évidence le résultat d'un travail énorme et fantastique. Aussi, tant que nous n'oublions pas notre insignifiance, ce n'est paradoxalement pas orgueilleux de prendre pleinement conscience de notre grande valeur.

En espérant avoir convaincu ceux qui en doutaient, je laisse évidemment tout un chacun imaginer comment cette pensée peut influencer nos actions.

Postface

Mon but était d'essayer de montrer que nous sommes importants. Concentré sur cet objectif, j'ai élagué mon texte pour éviter de noyer le lecteur dans des explications superfétatoires. Il ne m'a pas été facile de déterminer ce qui méritait d'être plus ou moins développé. Aussi, suis-je conscient d'avoir négligé quelques notions et inversement d'avoir peut-être trop détaillé d'autres points.

En ce qui concerne ce que je pense de :
- Dieu.
- Ça S'est Fait Tout Seul.
- Quelque Chose Qui Nous Dépasse.

Je suis contraint à l'humilité d'admettre que je ne sais pas ce qui a permis à l'Univers d'être. Je ne suis même pas certain que cette question ait un sens absolu en dehors de moi. Ne suis-je pas comme un poisson volant qui se demanderait comment les oiseaux ne s'étouffent pas en restant si longtemps hors de l'eau ?

Certains de mes lecteurs auront peut-être remarqué que j'ai partiellement utilisé l'introduction de « *Il sera… Tome V* » dans la partie 1 de ce texte. J'admets que j'ai fait montre de pure paresse, qu'ils ne m'en tiennent pas trop rigueur.

Table des matières

Introduction..7

Partie 1 Combien nous sommes petits !.....................9
  Notre taille dans l'espace..9
    Les étoiles..11
    Calculer la puissance du Soleil................................13
    Consommation du Soleil..18
    Les galaxies..23
  Notre taille dans le temps...26

Partie 2 Combien nous sommes grands !..................29
  Les cellules..29
  Les atomes..30
  Les noyaux atomiques...32

Partie 3 Combien nous sommes insignifiants et sans importance !...35

Partie 4 Combien nous sommes précieux et importants !..37
  Nombre de masse A..40
  Abondance de quelques éléments dans l'Univers...............41
  Les quatre forces fondamentales...................................45
    La force de gravitation...45

    La force électromagnétique..................................46
    La force nucléaire forte..47
    La force nucléaire faible.......................................47
  La nucléosynthèse...48
    La nucléosynthèse primordiale...........................49
    La nucléosynthèse stellaire.................................49
  Entropie...51
  La grande question...53
  Nous sommes importants !...................................57

Postface..**59**

Index

A 40
Abondance des éléments 41
Âge de l'Univers 27
Âge de la Terre 27
Agence internationale de l'énergie 20
Andromède 25
Année-lumière 12
Apparition des Homo sapiens 27
Atome 30, 37
Calculer la puissance du Soleil 13
Carbone 39
Cellules 29
Consommation du Soleil 18
Constante solaire 14
Distance au Soleil de quelques planètes 12
Distances de quelques étoiles 13
$E = mc2$ 19, 22
Électron 38
Élément chimique 38
Entropie 51
Étoiles 11
Force de gravitation 45
Force électromagnétique 46
Force nucléaire faible 47
Force nucléaire forte 47

Forces fondamentales 44
Galaxie d'Andromède 25
Galaxies 23
Gravitation 45
Hydrogène 38
Invention de l'écriture 27
Ionisé 38
Isotope 39
Joule 19
Les cellules 29
Macromolécule 30
Mars 12
Mercure 12
Neptune 12
Nombre d'Avogadro 31
Nombre de masse 40
Notre taille dans le temps 26
Noyau 37
Noyaux atomiques 32
Nucléons 32
Nucléosynthèse 48
Numéro atomique 38
Pascal 9
Proton 38
Proxima du Centaure 12, 25
Quarks 32
Représentation à l'échelle Soleil, Terre, Lune 22

Saturne 12
Surface de la sphère 17
UA 11
Unité Astronomique 11
Voie lactée 23
Watt 19
Z 38

ilsera.com

Copyright © 2014 Boris TZAPRENKO
Tous droits réservés.
Enregistré au S. N. A. C.
Texte protégé par les lois et traités
internationaux relatifs aux droits d'auteur.